大江南北好呷菜

山珍野味之功德林人氣料理大公開

大江南北好呷菜

山珍野味之功德林人氣料理大公開

樊定宣、厲長文◎著

林許文二◎攝影

「想要遍嚐各地名菜，非得跑遍大江南北全世界？」

「想要享受創意美食，一定要在名店外大排長龍，才能一飽口福？」

當然沒這回事，跟著《大江南北好呷菜・山珍野味之功德林人氣料理大公開》，你就可以利用簡單的食材、輕鬆的步驟，當自己或全家人的「五星主廚」！

「功德林上海素食點心餐廳」兩大台柱——樊定宣和屬長文兩位師傅，使出渾身解數、聯手打造《大江南北好呷菜・山珍野味之功德林人氣料理大公開》，完整公開店內招牌菜的人氣祕訣，搭配清楚詳細的圖解步驟、累積數十年的料理小撇步，傳授美味的秘密絕不藏私！就算是菜鳥也能現學現賣，做出人人稱羨的可口佳餚——不管是愈吃愈唰嘴的**開胃小食**、吃飽又吃巧的**幸福主食**、老饕指定的**經典好菜**、不可不嚐的**飄香美食**、溫暖胃也點暖心靈的**煲&湯**，還是別出心裁的**小吃&點心**……只要你願意，就沒有做不到的菜！

俗話說「人如其文」，在料理界，廚師則是「人如其菜」，這話套在樊師傅和阿文師傅身上，真是再貼切不過了！邊準備料理，還能把大家逗得樂不可支的樊師傅，一招充滿趣味童心的小創意，就把港式春捲皮搖身一變為時髦點**心芝士煎鍋餅**；賣力揮舞鍋鏟、調整味道不馬虎的阿文師傅，不但心細，手也巧，所以才能用樸實的本土芭蕉，打造出精緻甜蜜小食**拔絲蜜芭蕉**……

「心中有愛料理才會好吃！」從兩位大廚分享給大家的絕活中，除了能一睹數十年廚藝的精湛功力，他們對料理的一往情深也同樣呈現在一道道創意菜單中，風味獨特、美味一百分，錯過就太可惜！不論你是愛煮、愛吃，還是愛看好料理，跟著《大江南北好呷菜・山珍野味之功德林人氣料理大公開》，就能step by step，學會如何用健康天然食材，變化出一桌令人垂涎三尺的超級美食！

Contents

Part 1

餐前小食
愈吃愈開胃

口感、味道、香氣……
要用美味擄獲大家的胃，
就連前菜都要獨具魅力才夠看！
香甜酥嫩拔絲蜜芭蕉、齒頰留香堅果烏魚子，
包你一送上桌就被搶光光！

Part 2

飯・麵
很幸福超滿足

色香味俱全的麵、飯，
盤盤來自大廚們的精心佈局，
精選配料、對味醬汁、完美湯頭……
再與飯、麵大火快炒熱燙上桌！
收買所有華人的上海砂鍋菜飯、
多重口感、滋味繽紛的上海兩面黃，
嘗過的都說讚！

Part 3

經典好菜
不吃太可惜

口味道地、手工精緻、創意無限，
大江南北名菜經由師傅的巧手，
依舊經典，美味加乘！
誰又能料想得到，
加點臭豆腐就會讓五更長旺更具風味、
三杯猴頭菇竟然可以擄獲全世界的胃、
餘香醬茄子更是連不喜歡茄子的人都愛得不得了！

Part 4

飄香美食
一口接一口

當食材遇上好師傅，
一道道幸福滋味跳躍在舌尖，
讓你一張口就停不下來！
猴菇菜脯蛋竟然號稱沒加蛋、
刺匆銀柳的口感像炸花枝、
豆苗善糊的主角其實是柳松菇……
其中驚喜只有吃過的人才知道！

Part 5

煲・湯
點暖人心

一碗熱呼呼的湯，
暖飽你我的心，
煲湯當然也可以豐富變化、滋味萬千！
鮮美的天下第一湯功德佛跳牆、
祝福好兆頭的發財豆腐羹，
都是過年過節最佳搶手湯品，
一天好幾千盅絕對不是講假的。

Part 6

小吃・點心
絕對不要錯過

光是餵飽肚子還不夠？
那就一定要試試獨具特色的可口點心，
手要巧、心要細，
大廚還要教你偷呷步！
芝士煎鍋餅用港式春捲皮代替揉麵，
用最懶人的方法創造五星級美味；
椒鹽杏桃沒有杏桃，
而是用猴頭菇變出鹽酥雞般的好滋味！

掌握食材小撇步，做菜零失敗！

食材的好壞、處理和烹飪方式，是做出一道道美味佳餚的重要鍵！以下羅列常見100種蔬果食材的料理技巧，有時只要注意一個小方，你端出來的菜就會更令人垂涎唷！

堅果／種子／果實／豆豆

腰果
腰果要挑外型整齊均勻、色白飽滿、充滿香氣、含油量高者較好。保存最好用容器密封；冷藏可保存六個月；冷凍則可保存約一年。

核桃
核桃含有較多油脂容易氧化，保存時需注意密封冷藏。使用前可以先入烤箱烤過，風味更佳。

南瓜子
好的南瓜子外形飽滿，擠壓後有油脂，顏色呈深綠色。可以當一般瓜子生吃，也可以入菜熟食。

松子
堅果類的食材只要稍微炒過就會散發香味。挑選松子時，應以顆粒大而形體完整、顏色白淨為佳。

白果
乾白果先用熱水汆燙，可以去除苦味和澀味。生白果需要去殼去皮，再用牙籤穿透剝好的白果的中心，取出果芯，就可以去苦味。

栗子
挑選栗子時要以外殼堅硬為準，買回家後用水浸泡或熱水汆燙除去殼與薄膜，即可烹調。

蓮子
挑選蓮子時以顆粒大而飽滿、表面無皺褶的較好。用牙籤從底部的中心向蓮頭刺過去，就可以去蓮芯。蓮子如果是乾的，要事先泡水一個晚上，才可以煮。

紅棗
煮紅棗前先切開果肉再熬煮，才能讓紅棗的甜味和營養釋放出來。紅棗核較燥，有此顧慮的人可以先去核再料理。

枸杞
選粒大、色紅、肉厚、質地柔潤、味甜不苦的枸杞最好。裝進乾淨的玻璃瓶，瓶口用保鮮膜封住，再旋緊蓋子冷藏，可以長時間保存。

三色豆
一般三色豆的成員是青豆仁、玉米粒和胡蘿蔔丁。市售的冷凍三色豆可以存放約一年。冷凍三色豆大都不用解凍，使用前先稍微沖水、瀝乾即可料理。

甜豆
在汆燙甜豆的水裡放入少許油和鹽，甜豆會燙得更漂亮。甜豆料理前需要撕去硬邊，口感才會好：先從蒂頭折下一小段，輕輕往尾巴拉下兩邊的粗纖維即可。

毛豆
青綠色、莢形寬大、莢毛較白、豆仁愈飽滿的毛豆品質愈好。毛豆燙過以後比較好剝皮、去豆膜；汆燙過後的毛豆要浸泡在冷水，才可以保持它翠綠的漂亮顏色。

長豆
長豆料理前要先剝去豆子兩側的粗纖維，吃起來的口感才會好。長豆洗淨後，要先去除頭尾，再切成你需要的長度。

綠豆仁
綠豆仁要選色澤鮮黃且無異味者。蒸綠豆仁前可先泡水一夜，瀝乾後再乾蒸會比較香；若不泡水，蒸煮時要記得加水，水量可以參考煮飯時的水、米比例。

黑、白芝麻
把芝麻放進塑膠袋裡，用玻璃瓶輾一輾，就成了新鮮的芝麻粉，一兩日內是香氣最足的時候。不能用大火焙炒芝麻，以免產生對身體有害的過氧化脂。

豆製品／主食

豆乾
如果顏色過白，可能有化學成分。豆乾買回家後可先入烤箱用200℃烤3~5分鐘，有助於去除防腐劑。豆製品在常溫下容易滋生細菌，所以購買回來後要立刻冷藏。

板豆腐
板豆腐口感佳，豆味濃郁，適合煎、煮、炸。板豆腐若不急於烹調，應浸泡在清水中，並放入冰箱冷藏。每天換水，可以保存2天左右。

臭豆腐
炸臭豆腐需要回鍋兩次，才能夠炸的香酥。炸臭豆腐的油不適合再利用作其他料理，加上臭豆腐的味道很重，最好是安排成最後一道料理，才不會干擾其他菜的味道。

豆包
豆包是煮豆漿時浮在豆漿表面的凝結層，一定要買新鮮的，否則豆包會不夠紮實。要用保鮮膜或塑膠紙將每一片豆包分開放，再進冷凍存放，以免黏在一起。

腐衣
市售的腐衣大都有油炸過，選購時挑金黃色、並帶有油質者。放在乾燥通風處保存，可以防止受潮。使用前用熱油再稍微炸過可以引出香氣，也能保持腐衣的外形。

麵輪
新鮮麵輪有豆香，不會有油垢味；顏色太深表示炸太老；有點發白則不夠香。麵輪因為油炸脫水過，放太久會有油垢味；其質地也非常硬，須有足夠的湯汁才能煮軟。

百頁
新鮮的百頁或是百頁結，可與其他食材直接烹煮，若是乾百頁則須先泡發；用鹼塊泡軟百頁時，需拌勻3~4次，帶點黃就有點硬；手摸有點軟就是太軟。

豆腐
好的豆腐會是乳白或淡黃色，形狀完整、富有彈性，聞起來有豆香味。炸豆腐時要注意油溫，太熱會炸黑，太冷會起泡。若擔心太油膩或太耗油，亦可改用平底鍋煎到金黃色。

粉絲、粉條
粉絲或粉條要挑顏色白潔、彈性佳、質地乾燥、不易折斷者。料理前先泡軟，即可煮、炒；如果想要做螞蟻上樹這類的菜，料理前冬粉要炸過，入鍋煨煮時才能更入味滑溜。

板條
若沒當天吃一定要先切條狀，再送冰箱冷藏或冷凍，以免變硬不好切。一般市售板條可冷藏約半年，手工板條只能冷藏三天。板條易熟，因此不用煮太久，以免失去彈牙的口感。

豆腸
豆腸買回來最好儘快使用，不要放太多天，容易壞掉，只要放個3~4天就可能會產生白色、黏黏的水。

葉菜

高麗菜
綠色且包覆完整的高麗菜較新鮮。有些人不愛吃高麗菜莖梗硬硬的部分，只要用菜刀拍一拍再料理，就比較不會那麼硬了！

萵苣
選葉片完整、鮮嫩飽滿、沒有損傷變黃、枯萎或是有斑點的。萵苣菜葉很薄，要小心處理。未碰水的萵苣可用紙張包好再放冰箱冷藏。

娃娃菜
以大小均勻、葉片完整，摸起來手感結實的較好。娃娃菜體型嬌小，通常不會再切段。清洗時先泡在水盆裡，再小心剝開清洗即可。

青江菜
挑選葉柄色白肥厚、菜葉翠綠，葉片要挺直無斑點、枯黃的較佳。在未碰水、包裝完好的情況下，可以在冰箱冷藏3天，如果能放入密封袋保存，效果會更好。

芥藍菜
挑選色澤較淺亮的，纖維比較軟嫩。帶有花苞、莖的表皮較薄的較好，若頂部的花已經盛開，表示芥藍已經變老。燙芥藍菜時加點鹽巴，會使得顏色更翠綠。

小白菜
小白菜容易腐爛，最好依需要的數量購買，不要一次買太多。因為菜葉的部分比較容易熟，料理小白菜的時候，可以先下莖部，再放葉子，熟度才會均勻一致。

刺匆
和香椿有點像，一般吃它的嫩芽，炸起來的口感像炸花枝！刺匆（刺蔥）連葉子都有刺，要先剪掉刺。乾燥磨粉可以保存香氣一個月，可以用來做餅乾或麵包。

雪裡紅
雪裡紅本身有鹹味，在烹調時要注意，以免過鹹。很多蔬菜都可以製作成雪裡紅，最常見的以油菜和芥菜為主，油菜雪裡紅以清香取勝；芥菜雪裡紅則香氣濃郁。

梅干菜
梅干菜一定要反覆洗3、4次，才不會殘留沙子，造成口感不佳，利用溫水的話效果更好。選購梅干菜時，香味愈濃品質愈佳，摸起來有彈性、不要太溼的梅干菜較好。

酸菜
若很鹹就用水泡一段時間，烹調時也要斟酌調味料的使用，以免吃下太多鹽。酸菜需要冷藏保存，由於是發酵品，最好是儘早吃完。

榨菜絲
選購色彩明亮、有光澤的，並且散發出鹹香氣的榨菜較好。不適合煮太久，以免失去脆爽的口感。怕太鹹，可以事先稍微沖過水。

根莖類蔬菜

紅蘿蔔
挑選顏色橙紅鮮豔、表皮光滑，根形圓直，根部不呈青綠色者佳。沖洗削皮就可以生食，盡量保持形狀完整可以存放一段時間。

白蘿蔔
全株可食，根部可磨成泥生吃或清炒、煮湯熟食。梗葉可作成醃製品。挑選表皮光滑、有重量感，用手指彈擊會有清脆的聲音較好。

菜脯
蘿蔔乾有鹹味，要斟酌鹽的用量。醃製菜脯以客家人最有名，陳醃的老蘿蔔乾年代愈久愈難買到。選購時以聞起來有香氣的品質較佳。

洋地瓜
即豆薯，其他部位有毒只能吃塊根，生吃有點像水梨，選形大、堅實、飽滿為佳。洋地瓜的口感脆爽清甜，適合在作餡料時使用，拿來做自製各種丸子的材料也很棒。

蓮藕
蓮藕片泡鹽水可以防止變色；燙好的蓮藕片沖冷水可製造爽脆口感。涼拌時先拌香油再拌其他調味料，不但能產生潤滑度，還可使蓮藕更容易吸收其他調味料。

荸薺
選未削皮、形狀完整堅硬的荸薺，比較不會買到不新鮮的。清洗時用水沖淨後刮除凹陷部分後才開始削皮。削皮後最好擦乾再料理，帶有水分的荸薺口感不夠脆。

馬鈴薯
馬鈴薯切開後容易氧化變黑，務必立即使用或泡在水中延緩氧化。挑選馬鈴薯，要以表皮光滑，沒有發芽或產生芽眼者，青綠色的馬鈴薯還未成熟，有微量毒素，要小心。

山藥
切好沒有馬上使用的話，要先泡水裡以免氧化發黑。料理前先燙過，可以減短一些烹調時間。山藥可直接食用，不一定要煮全熟，這樣可以保留清脆的口感。

芋頭
芋頭去皮後，頭部要切掉一點點，因為這部分水分較多，不容易鬆軟。用指甲輕按芋頭的底部，如果有白色粉質就代表新鮮度不錯。

苦瓜　白苦瓜口感綿密，適合煮湯；綠苦瓜口感脆爽，適合清炒。選外表完整、不塌陷腐爛者，並檢視蒂頭的新鮮完整；最好當天吃較新鮮。

絲瓜　用小刀刮皮可保持顏色翠綠，切除中間較軟的部分，口感會較脆。建議以過油代替汆燙比較不會縮水，形狀也會較完整漂亮。

小黃瓜　挑選小黃瓜以外表愈刺愈好、體型纖細，而且愈直的小黃瓜愈清脆。食用前先放入冷藏室稍微冰鎮一下，小黃瓜的口感會更加清脆。

南瓜　瓜蒂較乾表示果肉熟成、甜度較高；瓜蒂呈青綠色則是未熟成的果肉。將南瓜放入烤箱中烘烤約15~30分鐘變得鬆軟時，就可以輕易地將果肉與外皮分離了。

彩椒　選擇表面光滑、色彩鮮豔有光澤、形狀端正、果蒂新鮮、沒有腐壞者較好。放置於陰涼處，可存放約3~5天；也可以用保鮮袋包好，放入冰箱冷藏，則可存放約1週。

茄子　在茄子表面劃刀能減少烹飪時間，口感也會較柔軟。炸茄子時油溫不能太熱以免焦掉，炸好撈起前轉大火逼油才不會太油膩。切好的茄子放入水5：鹽1中浸泡能維持顏色。

竹筍　竹筍料理重視嫩度，大火炒或炒太久都會失去口感。如果你買的竹筍已經是熟筍，把尖頭往砧板重擊幾下，再扭轉一下尖頭，竹筍外殼就可以很快地剝掉哦！

碧玉筍　金針筍是金針母株處理後產生的嫩莖葉，有遮光處理者稱白玉筍；無遮光處理者稱碧玉筍；因為口味像蔥所以素料理常用。碧玉筍偏寒，可以和薑或麻油一起料理。

小蘆筍　白蘆筍要選整隻潔白、無漂白水味者；綠蘆筍的枝杈要少、蘆筍花光澤翠綠，能輕易折斷為佳。如果纖維較粗可以削皮留下比較脆嫩的中心。蘆筍會纖維化，要盡快食用。

半天筍　半天筍就是檳榔心，如果切好後沒有馬上煮，要泡水才比較不會有澀味。料理前最好先用水汆燙，如果直接炒很容易半生不熟。

甘蔗筍　又稱甘蔗心，農民採收紅甘蔗時會從尾部掰開，剝下一截米白色嫩心，即為甘蔗心，脆甜多汁且高纖，熱炒、煮湯、紅燒皆宜。

金針菇　挑選長約15公分，傘帽呈完整半圓形，色澤鮮豔白皙，傘部平滑有水分，不腐爛枯萎者為佳。先將根部咖啡色沾土的部分切除，清洗時可用手慢慢將其分離後再一一洗淨。

美白菇　呈叢狀生長，使用前要先切除根部連結部份，在水中浸泡過後清洗。雪白嬌小的外型、滑嫩鮮脆的口感，又完全沒有菇腥味，適合各種方式料理，並增添菜色美感。

磨菇　應選菇傘密實、無外傷、肉質肥厚者。菇面呈微褐色是正常的；過白反而有可能經過漂白劑處理。要作熱炒或是醬汁配料可以切成薄片；想要整顆作湯或是勾芡料理，可事先燙熟。

巴西磨菇　巴西蘑菇可以在南北雜貨購買，一般有乾、濕之分，買乾的香氣較足。鮮菇味道淺而滑嫩，適合拿來煎、煮、炒、炸；乾菇味道濃郁，可加入煲湯或做為配料。

香菇　鮮香菇鮮嫩多汁，用於炒或炸；乾香菇味道濃郁，用於提味、熬湯。泡乾香菇要用冷水浸泡至完全展開，去除蒂及泥沙後，再用清水浸泡一次，注意用熱水浸泡會破壞香味。

杏鮑菇　挑選菌肉肥厚結實，質地又脆又嫩，菌傘細密的，品質比較好。炸杏鮑菇時，杏鮑菇最好能先泡水或沖水，接著瀝乾再炸，這樣較不易沾粉、炸起來也比較漂亮。

猴頭菇　市售分兩種，鮮菇可直接用於作菜；乾貨須先泡水；若買調味好的，要注意本身已有味道，不要加太多調味料。炸猴頭菇時，一定要火候夠才可以外酥內軟，吃起來才會有口感。

柳松菇　挑選時要注意傘部圓厚，菇柄細長者為佳。烹調前先用鹽水汆燙過，可以減輕苦味，配菜時菇柄可以切除少許，讓質感更細緻，燉湯則可加入菇柄，食用時再挾出。

草菇　草菇含少許毒素，要避免生食。選菇傘完整較好；買回來的草菇可暫放冰箱中，塑膠袋應打開透氣，否則容易開傘，未使用前不要清洗並保持乾燥，記得不要放太久。

鮑魚菇　要挑選菌傘完整飽滿，聞起來有香氣的較好。使用時才清洗，放置時間過久會變黑且易爛，所以盡量冷藏並保持乾燥。

秀珍菇　一般呈淺褐色，選購時以菌傘完整較厚、裂口少、菌柄短的較好。炸過的袖珍菇味道會比較香，若擔心太油可稍微過油就起鍋。

白木耳　選形體較大、顏色呈乾淨的米黃色、沒有硬蒂者較好；使用乾的白木耳，要放置冷水或熱水中，藉由吸收水分，恢復軟嫩性質。

黑木耳　要挑外觀光滑新鮮者較好。黑木耳食用前需浸泡，喜歡脆脆的口感的人可縮短浸泡時間，不用泡到太軟。

蘆薈 挑選莖葉飽滿厚實、外形完整、顏色翠綠者較好。蘆薈冷藏約可放5~7天，冷凍則可以放半年左右。

珊瑚草 乾珊瑚草不能汆燙，口感會變軟；珊瑚草要順著紋路切，口感較佳。若要涼拌珊瑚草，完成料理後先冷藏1~2小時會更入味。

豆芽 挑選清脆、莖短粗厚、顏色潔白，芽部有一點淡黃，色澤不枯黃者為佳，過長或過軟都不好。綠豆芽去掉頭尾的話，口感會更好。

花椰菜 花蕾緊密、顆粒較細小、沒有出現深黃損傷者為佳；莖以5~6公分最好，太長表示過老。花椰菜不建議煮太久，容易使抗癌成分流失。

髮菜 選絲長整齊、色黑質輕、有香氣為原則。在烹煮前需浸泡以去除沙石及腥味，由於髮菜沒什麼味道，適合和重口味的食材一起烹製。

海苔 海苔有許多口味，除了現烤以外，大都真空包裝。把海苔密封，內放乾燥劑，放在陰暗乾燥處可保存一段時間，但還是盡快食畢較好。

竹笙 選擇形狀完整、顏色金黃、氣味清香者佳，買回來的乾竹笙要浸泡冷水一晚，再瀝乾水分料理，口感會變爽脆。竹笙本身沒有味道，需要有湯或者味道較重的料理來搭配。

乾金針花 金針在加工時會放入人工添加物，買回後必須要浸泡30分鐘以上，再換水烹煮，吃起來才比較安全。金針煮湯時，需要摘除蒂頭，否則湯的顏色會變黑，看起來不太可口。

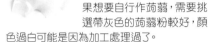
蒟蒻 買回來的蒟蒻用滴2滴醋的熱水汆燙，撈起後再泡冷水，瀝乾即可料理食用。如果想要自行作蒟蒻，需要挑選帶灰色的蒟蒻粉較好，顏色過白可能是因為加工處理過了。

小豆苗 豆苗通常會大量盒裝或包裝販賣，購買時要注意豆苗的新鮮度，不要挑腐爛、發黃的豆苗。豆苗不耐放，因此盡早食畢較好。小豆苗一定要用大火快炒，才會青翠好吃。

生椰肉 要挖出一片美觀完整的椰肉很簡單，拿根湯匙慢慢地沿著邊緣挖就可以了，拌炒成菜或烤來吃都不錯，口感偏脆，也有人拿蒟蒻片取代其口感。成熟的椰子，椰肉才會比較甜。

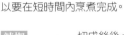
九層塔 香味濃烈，適用於口味較重的料理之中。新鮮九層塔保持乾燥，放入冰箱冷藏可保存3~5天。九層塔加熱後容易氧化變黑、風味變淡，所以要在短時間內烹煮完成。

生薑 嫩薑顏色淺白、偏淡黃色，肉嫩多汁，多切絲、切片用來炒菜。生薑切開後容易變黑，可以泡在水中，去掉一點辣味、辣氣。

南薑 產於東南亞，沒有薑的辛辣，多了淡淡的甜味，常用於爆香、去腥、煮湯或作為醬汁食用，是製作咖哩、沙嗲等醬料的原料之一。

辣椒 切成絲後，先沖幾次水洗去辣的成分，再泡水半小時，辣椒絲就會自動捲起，具裝飾性。爆炒乾辣椒時，火不能太大，要不然會有苦味。

老薑 因採收時期不同可分為嫩薑、老薑，三杯料理時使用辛辣味較重的老薑愈適合。挑選乾燥、有結球塊狀的老薑，這樣薑味會比較濃郁、味道也比較好。

香茅 新鮮香茅冷凍可保存一年，烹調時取莖白部分整支或切段放入；乾燥香茅烹調時把香茅稍微壓碎包進棉袋裡，再丟進料理中即可。香茅使用前先用菜刀拍扁，味道才會明顯。

花椒粒 花椒粒使用前如果先用火炒過，味道會更濃郁。花椒一般都是過油爆香，取花椒油的香氣。也可以整粒放入醬料中，或者當成醃料也很適合。

香菜 香菜不適合長時間烹煮，以免葉子變黃失去香味，因此適合料理完成後，再放上香菜。香菜碰水後易腐爛，未使用就不要碰到水。

芹菜 選梗短粗、菜葉翠綠而稀少的較好。不新鮮的芹菜，葉子尖端會翹起，甚至發黃起鏽斑。用紙張包好進冷藏，約可保存3~5天。

西洋芹 愈大支的果肉愈肥厚，口感越好。顏色應選翠綠色，愈深則愈老。可以稍微去皮去纖維，或是燙過再撕去纖維，會比較好撕。

鳳梨 鳳梨頭部最甜，矮胖型鳳梨甜的部分較多且均勻；表皮若有湯汁，可能是過熟或碰撞所造成的。顏色愈黃代表成熟度愈高，想馬上吃就挑果色較黃，如果想擺上幾天可挑選綠中帶黃的。

芭蕉 若要用芭蕉做甜食，不要選太熟的，帶點酸的風味和甜味配起來剛剛好。如果氣溫不會太熱，保存芭蕉不用放冰箱，常溫下即可。

蘋果 挑選表皮堅實、色澤好、中等大小、散發果香、有完整葉柄的即可，盡量避免挑選到有碰傷或有軟疤痕跡的。蘋果連皮吃很營養，用熱水洗較容易去除果臘。

蕃茄 購買時選擇已熟成飽滿、表皮光滑完整、顏色亮麗的蕃茄為佳。蕃茄要去皮，可以先用刀在蕃茄底部劃十字，再用熱水汆燙，就可以輕鬆去皮。

葡萄乾 市面上多是包裝好的產品，紅、白葡萄乾外表帶有糖霜及光澤，並呈半透明狀，就是品質不錯的。拆封後的葡萄乾要放冰箱冷藏，才不會降低品質，並且要盡早食畢。

金桔 挑選表皮飽滿結實，充滿果香的較好。亦可做成蜜餞，保存較久；金桔洗淨後灑鹽蒸10~15分鐘去除皮的苦味，再放入玻璃罐中加適量冰糖醃2~3個星期即可。

Part *1*

餐前小食

愈吃愈開胃

口感、味道、香氣……

要用美味擄獲大家的胃，

就連前菜都要獨具魅力才夠看！

香甜酥嫩**拔絲蜜芭蕉**、

齒頰留香**堅果烏于子**，

包你一送上桌就被搶光光！

堅果烏于子

吃不膩的台灣經典宴客菜，吃完齒頰留香

材料 起司1包（250g）、腰果35g
烤過的核桃35g、南瓜子35g

作法

1 起司切片後入煎鍋燒軟，再下腰果、核桃、南瓜子一起拌勻；過程中要注意鍋子的溫度，不可以太高，並且持續攪拌以免燒焦。

2 保鮮膜拉出40公分長，擺上拌好的軟起司，整形成約20公分長的長條圓形，並將頭尾壓緊，盡量讓起司條中間沒有空隙〔圖1、2〕。

3 包好的起司長條先放涼，之後再送入冰箱冷藏一晚使之定型，要享用時再取出切片即可〔圖3、4〕。

4 如果想像師父一樣擺盤，先準備適量的沙拉醬、高麗菜和廣東A菜。廣東A菜洗淨後一片一片鋪盤底；高麗菜切成細絲，泡冷水半小時後撈起瀝乾，舖在盤子中央呈半圓球狀，淋上適量的沙拉醬。將切片的烏于子圍繞在高麗菜旁，再放上巴西利做裝飾即可上桌。

 = 36 片

大廚教你 偷呷步

◎ 將起司拉成長條圓形的時候，擠壓頭尾的動作不可以省略，因為這樣烏于子才會飽滿好看。

◎ 沙拉醬可以增添高麗菜的風味，也是烏于子和高麗菜的黏貼劑。

1　　　　2　　　　3　　　　4

涼拌蓮藕片

一口就讓你眼睛一亮的清爽滋味

材料
蓮藕3小節、香菜35g
辣椒1條、薑末35g

調味
鹽少許、糖1大匙、白醋1大匙
香油1小匙

作法

1　香菜切成梗末和葉末;辣椒去籽切末〔圖1〕;蓮藕去皮切薄片,泡在鹽水裡備用〔圖2、3〕。

2　炒鍋入1000cc水煮滾,下蓮藕片燙30秒後撈起沖冷水,需要沖數分鐘到完全冷卻,沖涼後撈起瀝乾。

3　蓮藕片、所有調味料、辣椒末、薑末、香菜梗一起放到拌鍋裡拌勻〔圖4〕,最後擺上香菜葉做裝飾即完成。

=2~4 人份

大廚教你偷呷步

◎ 切好的蓮藕片泡過鹽水,可以防止變色;燙好的蓮藕片沖過冷水,可以產生脆爽的口感。

◎ 拌調味料時先放入香油,不但可以產生潤滑度,而且可以使蓮藕更容易吸收其他的調味料。

1　　　　2　　　　3　　　　4

清涼珊瑚草

材料 小黃瓜1條、乾珊瑚草150g
紅蘿蔔75g、紅辣椒1條

調味 糖1大匙、白醋1小匙、香油1大匙
鹽少許

作法

1 乾珊瑚草泡冷水一晚；小黃瓜切
條片；紅辣椒去籽切片備用；紅
蘿蔔切條片燙熟〔圖1〕。

2 將泡發的珊瑚草沖洗乾淨，接著
順著紋路切成條狀，然後再一次洗
淨瀝乾〔圖2〕。

3 將所有的材料和調味料放在拌鍋裡攪拌均勻，最後再放入香油即可
享用〔圖3〕。

=2~4 人份

大廚教你偷呷步

◎ 乾珊瑚草不能用熱水燙，口感會變軟。

◎ 乾珊瑚草順著紋路切，可以增加口感。

◎ 完成料理後再送入冰箱冷藏1~2小時，就會更入味。

1

2

3

拔絲蜜芭蕉

好玩又好吃,令人回味無窮的香甜美味

材料
1. 芭蕉2條、熟黑白芝麻各20g
2. 脆漿粉:太白粉60g、泡打粉100g
   低筋麵粉600g、糯米粉115g
   卡士達粉120g

調味 糖150g

作法

1. 芭蕉剝皮後,1條切成6等份後,裹勻混合好的脆漿粉,一個一個下到140℃的油鍋炸約3分鐘,轉大火炸至金黃酥脆後撈起〔圖1〕。

2. 炒鍋入1大匙冷油,下糖加入少許水拌勻。炒到糖有點融化時先倒掉一點油,轉小火炒軟至黏稠狀;炒到油溫約130℃,糖會從白色濃稠狀變成焦黃濃稠狀,此時再倒掉剩餘的油後關火〔圖2〕。

3. 下芭蕉拌勻,快速撒下黑、白芝麻再拌勻。

4. 在乾淨桌上,把炒好的拔絲芭蕉一個一個拉好冷卻〔圖3、4〕,就會變得很酥脆。拔完的芭蕉盡早吃完,以免糖衣濕軟影響口感。

= 2~4 人份

大廚教你偷呷步

◎ 芭蕉也可以用地瓜、芋頭、山藥或蘋果代替;作法1炸芭蕉時,先丟下4~5個炸定型後就要先撈起來再炸其他的,等到全部的芭蕉都定型了,再一起入鍋炸熟,以免前後時間延宕,造成熟度不一的情形。

◎ 油溫一定要足夠,才不會炸太久。邊炸時可邊撈去多餘的麵衣。芭蕉一定要炸的酥脆,才不會等到要拔時,外皮變得濕軟容易失敗。

◎ 烹飪過程要盡量保持糖的乾淨,避免其他材料混到糖裡面而產生雜質。

◎ 拔絲時一定要用冷油下去炒糖,炒到約130℃時,它變色的速度非常快,所以油的溫度一定要掌控;糖炒到接近膚色就可以了,如果炒到變咖啡色,就是炒過頭了。

1

2

3

4

生菜香鬆

清脆爽口、家常宴客兩相宜

= 3 球

材料 紅蘿蔔150g、洋地瓜150g、萵苣3片
素蝦仁150g、芹菜75g、油條 ½ 條
熟黑、白芝麻粒適量

調味 鹽少許、胡椒粉少許、香油少許

作法

1 萵苣洗淨後修剪成圓型狀備用〔圖1〕。

2 紅蘿蔔、洋地瓜、素蝦仁、芹菜
切細丁或末狀；油條炸酥後放冷，再切丁
備用〔圖2〕。

3 在剪好的萵苣裡放上油條丁。

4 起鍋入少許油，下紅蘿蔔丁、洋地瓜丁、素蝦仁丁、鹽和胡椒粉快
速拌炒〔圖3〕，淋上香油後即可起鍋。

5 將炒好的作法4放到圓萵苣片上，再撒上熟黑、白芝麻粒裝飾即可。

大廚教你偷呷步

◎洋地瓜即所謂的涼薯、豆薯，可用荸薺（馬蹄）代替。
◎萵苣可用梨山高麗菜代替；油條也可以用炸好的餛飩取代。

1

2

3

Part **2**

飯・麵

 很幸福超滿足

色香味俱全的麵、飯，

盤盤來自大廚們的精心佈局，

精選配料、對味醬汁、完美湯頭……

再與飯、麵大火快炒熱燙上桌！

收買所有華人的**上海砂鍋菜飯**、

多重口感、滋味繽紛的**上海兩面黃**，

嘗過的都說讚！

材料
1. 白飯185g、高湯150cc
2. 小香菇1朵、素火腿1片
   青江菜150g
3. 薑末少許、枸杞少許

調味 香菇精1小匙、胡椒粉少許

作法

1 青江菜洗淨切小丁〔圖1〕；小香菇泡好後切末；素火腿切小丁備用〔圖2〕。

2 炒鍋入少許油，放入1大瓢的水、白飯、香菇精、胡椒粉拌炒，下切丁切末的材料2和薑末拌炒〔圖3〕。

3 下高湯，炒至湯汁稍微收乾後即可起鍋盛盤，最後再放上枸杞做裝飾就完成了〔圖4〕。

上海砂鍋菜飯

收買全世界華人胃口的簡單料理，一鍋就很滿足

= *1* 人份

大廚教你偷呷步

◎ 枸杞使用前要用水稍微沖一下。

◎ 如果有需要的話，可以先把砂鍋放進烤箱稍微加熱，保持溫度。

1 2 3 4

上海兩面黃

滿足味蕾的繽紛滋味，適合「想吃點不一樣」的時候享用

= 1~2 人份

材料
① 黃麵190g、薑絲少許
② 紅蘿蔔35g、香菇35g
　 金針菇35g、青椒35g
　 美白菇35g、素蝦仁2粒
　 綠豆芽35g、高麗菜150g
　 黑木耳35g

調味
醬油1小匙、素蠔油1小匙
黑醋1小匙、素肉醬少許
素沙茶醬½茶匙、胡椒粉少許

作法

1 高麗菜、紅蘿蔔、黑木耳、青椒、香菇切絲；素蝦仁切條；美白菇剁成一條一條；綠豆芽去頭尾；金針菇洗淨備用〔圖1〕。

2 熱炒鍋放1中匙油，下黃麵到鍋中煎至呈金黃色，再翻面煎至金黃後撈起〔圖2〕。

3 只留少許油，下薑絲炒香，再下所有準備好的材料②和調味料，煮滾後勾芡〔圖3〕。

4 煎好的黃麵先放到盤中，再淋下炒好的菜料即完成。

大廚教你偷呷步

◎ 兩面黃的菜料可依個人喜好變幻，也可以換成雪裡紅。
◎ 顧名思義，兩面黃一定要煎到金黃色，吃起來才會香酥脆。
◎ 炒麵時可以用半煎炸的方式，熟的速度較快。
◎ 勾芡的方式是太白粉和水用1：1的比例調成。

1

2

3

鳳梨蘑菇炒飯

材料 三色豆75g、蘑菇3粒、素火腿3片
素肉鬆75g、鳳梨115g
青、紅、黃彩椒少許

調味 黑胡椒少許、香菇精少許
奶油少許

作法

1 蘑菇切片〔圖1〕，鳳梨切成
條，青、紅、黃彩椒切條，素
火腿切三角片〔圖2〕備用。

2 準備熱鍋放入少許的油，下所有的作法1及三色豆拌炒一下，再放入
白飯及調味料快速拌炒即完成〔圖3〕。

3 盛入盤中後，再放入素肉鬆，炒飯即完成。

＝1～2 人份

大廚教你偷呷步

◎用來炒飯的米飯，煮飯的時候不要加太多水，否則煮好的飯會變得太
黏，會炒不出粒粒分明的樣子。

◎冷飯比較可以炒出粒粒分明的炒飯，適合用中、小火炒；熱飯則適
合用大火快炒。

1　　　　2　　　　3

芥藍炒板條

一拍即合的新美食搭擋，料多營養百分百

材料
1. 板條225g
2. 紅蘿蔔35g、黑木耳35g
   青椒35g、金針菇35g
   香菇35g、袖珍菇35g
   綠豆芽35g、芥藍4顆
   高麗菜150g、素蝦仁2粒
   薑絲少許

調味
醬油1中匙、黑醋1小匙
胡椒粉少許

作法

= 1~2 人份

1 先將高麗菜、黑木耳、青椒、香菇都切絲〔圖1、2〕，素蝦仁及袖珍菇都切片備用，芥藍、金針菇、綠豆芽洗淨備用。

2 準備一鍋水煮滾後，先把板條燙一下撈起〔圖3〕。

3 起鍋熱油下薑絲爆香，再下除了芥藍以外的所有材料2炒勻後，接著放入板條，下所有調味料一起拌勻後盛盤即完成〔圖4〕；最後將芥藍菜用熱水加一點鹽及油燙熟撈起後圍邊裝飾。

大廚教你偷呷步

◎ 挑芥藍菜時要注意，要是頂部的花盛開表示芥藍已老，不要買。
◎ 燙芥藍菜時加點鹽巴，會使得顏色更翠綠。

1

2

3

4

Part 3

經典好菜

不吃太可惜

口味道地、手工精緻、創意無限，

大江南北名菜經由師傅的巧手，

依舊經典，美味加乘！

誰又能料想得到，

加點臭豆腐就會讓**五更長旺**更具風味、

三杯猴頭菇竟然可以擄獲全世界的胃、

餘香醬茄子更是連不喜歡茄子的人都愛得不得了！

老皮嫩月

外酥內嫩，雙重口感直搗人心

材料 蛋豆腐1盒（不吃蛋者可換成板豆腐，但是調味需加重些）
素高湯1大匙、素蝦仁3片
甜豆4個

調味 醬油1小匙、糖少許、香油少許
胡椒粉少許、香椿醬少許

作法

1 將豆腐切成正立方塊12片；甜豆切片〔圖1〕；素蝦仁切片備用。

2 準備一鍋油，熱油約180℃（看到冒煙即可），將蛋豆腐炸成金黃色撈起備用。

3 另起一鍋，下所有調味料、1大匙素高湯、炸好的蛋豆腐〔圖2〕、素蝦仁，快速拌炒三下後，淋上香油，即可準備起鍋裝盤〔圖3〕。

4 甜豆用熱水燙過，再放到作法3上面即可，最後擺上紅椒絲作裝飾。

🍲 = 2~4 人份

大廚教你偷呷步

◎ 自製香椿醬：香椿菜切細碎放入碗中，倒入沙拉油蓋過香椿菜加（可以保持菜色），最後送進冷凍庫冷凍。

◎ 炸豆腐時，一定要注意油的熱度，太熱會炸得太黑，太冷會讓豆腐起泡不漂亮，一定要拿捏得恰到好處。若擔心油炸太油膩或太耗油，亦可以用平底鍋油煎到呈金黃色。

◎ 燙甜豆的水一定要滾，若要燙得漂亮，可在水裡放少許油和鹽。

1

2

3

梅干扣月

永垂不朽的客家美味，還可以拿來做夾餡

材料
梅干菜1捆（客家梅乾菜）
車輪（麵輪）75g、苦瓜½條
炸豆包1片、薑末少許、香菜少許

調味
素蠔油1小匙、香菇精1小匙
醬油1小匙、胡椒粉少許、素肉醬少許

淋醬
高湯1大匙、醬油少許、素蠔油少許
糖少許、胡椒粉少許、老抽少許

=2~4 人份

作法

1 梅干菜泡溫水搓洗乾淨切丁、車輪泡發洗淨切丁〔圖1〕、炸豆包切條狀後，整齊排入小碗中備用。

2 起油鍋100~120℃將苦瓜炸至金黃後撈起瀝乾稍放涼，切條狀排在小碗的豆包條上。

3 鍋中入少許油燒熱，下薑末爆香，再下梅干菜炒香，然後放入車輪一起炒；下所有調味料、1湯匙高湯、素肉燥拌炒，至收汁剩少許水即可〔圖2〕。

4 炒好的料填進裝有苦瓜、豆包條的小碗內，用保鮮膜封起，放入蒸籠蒸20分鐘後〔圖3〕，即可取出倒扣在盤子上。

5 起鍋入淋醬材料做成薄芡，再淋點香油後，淋在梅干扣月上，最後灑下一點香菜即大功告成。

大廚教你偷呷步

◎ 梅干菜一定要反覆洗3、4次，才不會有沙子殘留，造成口感不佳，利用溫水清洗效果更好。

1

2

3

香辣下飯的極品滋味，十分鐘就上菜

宮保吉丁

材料
猴頭菇190g、炒過的熟腰果8粒
小黃瓜1條、乾辣椒12片、碧玉筍2條
花椒粒8粒、薑末少許
卡士達粉適量

調味
素肉醬少許、番茄醬1小匙
蠔油1小匙、糖少許、老抽少許
胡椒粉少許、香油少許

作法

1 猴頭菇切小塊、小黃瓜切滾刀塊〔圖1〕、碧玉筍切斷備用。

2 起一油鍋至140℃，猴頭菇沾卡士達粉後，入鍋油炸1分鐘，轉大火再下小黃瓜過油後一起撈出瀝乾備用〔圖2〕。

3 將鍋中的油倒出只剩一點，下乾辣椒和花椒粒爆香，再下薑末和碧玉筍、所有調味料和1中匙高湯，然後將作法2的猴頭菇和小黃瓜放入快速拌炒〔圖3〕。

4 下少許香油後即可裝盤，最後灑上腰果就完成了。

🍚 = 2~4 人份

大廚教你偷呷步

◎ 炸猴頭菇時，一定要火候夠才可以外酥內軟，吃起來才會有口感。
◎ 爆炒乾辣椒時，火不能太大，要不然會有苦味。
◎ 小黃瓜也可以用青椒代替。

1

2

3

麻婆豆腐

沒吃過麻婆豆腐不要說吃過川菜

材料　中華豆腐1盒、香菇1朵
素肉燥110g、芹菜少許
紅蘿蔔35g、涼薯35g
薑末少許

調味　辣椒醬1大匙、香菇精1小匙
胡椒粉少許、花椒粉少許
老抽少許、香油少許

作法

1 豆腐切丁；紅蘿蔔、涼薯、香菇都切末〔圖1〕；芹菜切花備用〔圖2〕。

2 起鍋燒熱入1小匙油，下辣椒醬和薑末爆炒，再下素肉燥和作法1準備好的材料、所有調味料、1大匙水煮滾〔圖3〕。

3 悶煮一下，勾芡淋點香油後盛盤，再灑些芹菜花即可。

=2~4
人份

大廚教你偷呷步

◎中華豆腐也可以用傳統豆腐取代。

◎辣椒醬本身就有一些甜味，不需要再加糖。

1

2

3

材料
素于翅75g、白果8粒
蘆薈75g、筍絲75g
香菇1朵、雲吞8粒
黑木耳絲35g
白木耳115g
金針菇35g
香菜少許

調味
蠔油1大匙、老抽1小匙、糖少許
香菇精1小匙、胡椒粉少許、香油少許

作法

1 白木耳如果買的是乾貨要先發泡〔圖1〕,同時雲吞放入蒸籠大火蒸10分鐘〔圖2〕。

2 一邊燒砂鍋備用,一邊起一炒鍋,入少許油、4大匙(約800cc)高湯、所有調味料和材料煮滾後,勾芡淋少許香油〔圖3〕。

3 燒好的砂鍋裝盤,將作法2煮好的料倒入砂鍋中,再放入蒸好的雲吞,最後灑上香菜點綴其上就完成了。

高級口感、平價享受的推薦年菜

于翅雲吞煲

＝2～4 人份

大廚教你**偷呷步**

◎想自己做雲吞,可參考樊師傅的《素點小上海》的第34、35頁中的香菇魚翅餃,就是俗稱的雲吞。

◎作法1蒸雲吞時,剛包好的雲吞上不用灑水即可直接蒸;要蒸冷凍過的雲吞,則需要灑上一些水;亦可用水煮,也可以微波加熱5分鐘。

◎白果如果買生的就需要去殼去皮、並剔出果芯去苦味。

◎白木耳、黑木耳和素于翅(寒天)可以買乾的自行泡發。

◎蘆薈可買罐裝的,有甜有鹹,二者皆可。

1

2

3

三杯猴頭菇

材料　猴頭菇225g、涼薯225g
栗子8粒、九層塔75g、老薑1塊
紅辣椒1根

調味　醬油1小匙、老抽1小匙、糖少許
素肉醬1小匙、素蠔油1小匙
麻油1小匙、胡椒粉少許

作法

1　猴頭菇切小塊〔圖1〕、涼薯切2公分長條狀、老薑切片、紅椒去籽切段備用。

2　用炒鍋燒熱麻油，入老薑片炒香至有些乾扁，再下猴頭菇、涼薯、栗子和紅辣椒段一起翻炒〔圖2〕；同時可以燒熱三杯鍋。

3　下所有調味料和2湯匙高湯（約300cc），悶約3分鐘收汁至剩少許湯汁，勾薄芡後下九層塔翻炒三下即可〔圖3〕。

4　燒好的三杯鍋放在盤子上，將炒好的三杯猴頭菇放入三杯鍋中，就大功告成了，亦可再放幾葉九層塔作裝飾。

=2~4人份

大廚教你偷呷步

◎猴頭菇除了自己泡發，也可以用調味好的或罐裝的，如果用調味好的，因為本身已經有味道，不需要加太多調味料，修飾一下就可以了。

◎涼薯也可以用荸薺代替。

◎老抽是作為醬色用，沒有味道，純粹是用來上色的，在南北雜貨店裡可以買到。

1

2

3

砂鍋石子頭

端出來就一定搶光光的經典上海風味

石子頭

=5人份

〔材料〕

❶ 素貢丸漿600g、板豆腐2塊
（450g）、香椿醬15g
猴頭菇150g、荸薺丁150g
香菇35g、紅蘿蔔35g
素油蔥35g、薑末35g
生椰片75g
❷ 太白粉35g、炸好的老薑

〔調味〕

胡椒粉少許、五香粉少許
香油少許、醬油1中匙
糖1小匙

〔作法〕

1 猴頭菇、生椰片、香菇、薑末都切細末〔圖1〕，荸薺、紅蘿蔔切小丁備用；板豆腐瀝乾捏碎。

2 素貢丸漿和作法1所有材料一起攪勻，再下素油蔥、香椿醬、五香粉、太白粉、香油和少許胡椒粉拌勻〔圖2〕，送入冰箱冷藏半小時材料定型後即可取出。

3 備一鍋油約六分熱，將拌好的素貢丸漿捏成150g的圓形，一個一個入鍋炸，炸至金黃後撈起〔圖3〕。

4 備一鍋高湯（湯蓋過石子頭），下炸好的老薑、醬油、糖和少許胡椒粉，煮滾後轉小火再煮約10分鐘，石子頭就算完成了。

1

2

3

〔作法〕

1 石子頭放入蒸籠蒸10分鐘〔圖1〕，萵苣切絲〔圖2〕、粉絲冷水泡發後燙熟〔圖3〕、花椰菜洗淨燙熟、辣椒切絲備用。

2 砂鍋燒熱放到盤子上，鍋中放少許香油後，依序放入萵苣、粉條後，排上蒸好的石子頭，再用花椰菜點綴其上。

3 剩餘的石子頭湯汁（P46）入炒鍋，下2大匙高湯和所有調味料，煮滾後勾茨淋少許香油〔圖4〕，再淋到石子頭上。

4 最後放上少許香菜和辣椒絲即可享用。

成品

〔材料〕

石子頭5粒、萵苣110g
花椰菜4粒、粉絲150g
香菜少許、辣椒1條

〔調味〕

醬油1小匙、蠔油1小匙
老抽少許、胡椒粉少許
糖少許、香油少許

大廚教你 偷呷步

◎想知道適合的油溫，可以先用一塊食材來測試，如果食材丟入油鍋後會浮起，表示溫度剛好。

◎花椰菜也可以用青江菜或其他綠色蔬菜代替。

◎綠豆粉條可以用粉絲代替。

五柳黃花于

材料

① 黃花于1條：腐衣½張
海苔（20公分正方形）1張
白色豆包末225g、紅蘿蔔末35g
素火腿末35g、粉絲末35g
金針菇末35g、芹菜末35g
香菇末35g
② 紅蘿蔔絲75g、青、紅椒絲75g、筍絲35g
黑木耳絲35g、生椰片（蒟蒻）切絲35g
松子35g、香菜少許、葡萄乾少許

調味

① 鹽少許、胡椒粉少許、五香粉少許、陳皮少許
② 糖1大匙、白醋1大匙、番茄醬1大匙、高湯1大匙

作法

1 豆包末、香菇末、紅蘿蔔末、粉絲末、素火腿末、芹菜末、金針菇末和調味料①拌勻備用。

2 腐衣塗上麵糊後，放上海苔片黏好，接著塗上麵糊〔圖1〕，舖上扮好的豆包餡料〔圖2〕，然後包成甜筒狀，用麵糊黏起來〔圖3〕，入蒸籠蒸8分鐘取出放涼即成黃花于〔圖4〕。

3 黃花于等分切8片〔圖5〕，用六分熱的油去炸，約2分鐘炸至金黃色後撈起排盤。

4 材料②入炒鍋，下少許油和調味料②煮滾，勾薄芡後淋到炸好的黃花于片上，再灑上松子和香菜就完成了。

=3~4 人份

大廚教你偷呷步

◎ 豆包一定要買新鮮的，不夠新鮮的黏度不足，也不夠紮實。

◎ 蒸黃花于時，黃花于底下抹一層油才不會黏住，蒸的時間一定要8分鐘，再多蒸3分鐘就會開花啦！

◎ 黃花于要冷卻後才能切，形狀才會完整。

1　2　3　4　5

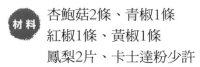

鳳凰咕老月

聞名世界的酸甜歷史名菜，外國人都說讚

材料　杏鮑菇2條、青椒1條
　　　　紅椒1條、黃椒1條
　　　　鳳梨2片、卡士達粉少許

調味　番茄醬1大匙、白醋1大匙
　　　　糖1大匙

作法

1 杏鮑菇切滾刀〔圖1〕，
青、黃、紅椒洗淨切片，
鳳梨每片切8小塊備用。

2 杏鮑菇泡水濾乾，沾卡士
達粉，放入約130~140℃的
油鍋裡，轉小火炸約2分鐘，再
轉大火炸酥撈起瀝乾〔圖2〕；青椒片、黃椒片和紅椒片也下油鍋拉
油一下撈起瀝乾。

3 鍋中入所有調味料，下1大匙高湯和鳳梨煮滾，下作法2準備好的材
料，快速拌炒兩、三下後裝盤即可享用〔圖3〕。

= 2~4 人份

大廚教你偷呷步

◎卡士達粉亦可用酥炸粉取代。
◎炸杏鮑菇的時候，一定要炸到外酥內軟，嚐起來較有彈性。
◎作法2的杏鮑菇也可以改用水沖一下，增加一點水分，炸起來比較
　好看。

1

2

3

果律仙霞球

材料 猴頭菇225g、鳳梨片2片
蘋果1小粒、葡萄乾35g
番茄乾75g、雅達子75g
香菜少許

調味 沙拉1小條、優酪10cc

作法

1 猴頭菇切小塊、鳳梨每片切成8小塊
〔圖1〕、蘋果削好切小塊〔圖2〕、香
菜洗淨備用。

2 猴頭菇沾卡士達粉，放入約七分熱的油鍋裡，轉小火炸2分鐘後，再
大火炸酥撈起瀝乾。

3 炸好的猴頭菇和作法1的材料，放入沙拉、優格拌勻〔圖3〕，再灑
上番茄乾、葡萄乾和雅達子做裝飾，最後再放上香菜即大功告成。

=3~4
人份

大廚教你偷呷步

◎若想更清爽，沙拉可不放，只放優格味道也很不錯。
◎雅達子是泰國的甜品，類似水蜜桃罐頭，可以在南北雜貨、賣場購買；
味道很甜，記得不要加太多。
◎想要更添南洋風或香氣，可像師傅一樣，用挖空果肉的半顆鳳梨取代
器皿，挖出來的果肉可直接當「果律仙霞球」的材料。

1

2

3

提金赤烏蔘

滋補的高級宴客料理，秋冬吃很養生

材料　靈芝菇150g、素烏蔘150g
甜豆115g、老薑1塊
辣椒絲少許、白果少許

調味　素蠔油1小匙、醬油1小匙
老抽1小匙、麻油1小匙、香油少許
素肉醬少許、胡椒粉少許、糖少許

作法

1 靈芝菇和素烏蔘切成條狀、甜豆挑好後切斜片〔圖1〕、老薑洗淨切片備用。

2 炒鍋入1大匙水和少許油，下甜豆燙好撈起；亦可直接用熱水汆燙〔圖2〕。

3 起鍋入麻油燒熱，下薑片爆香後，再下靈芝菇、素烏蔘、白果、所有調味料，以及2大匙高湯（約200cc）煮滾，轉小火悶5分鐘至入味〔圖3〕。

4 作法3燒至剩下一點湯汁，勾茨淋一點香油後裝盤，再擺上甜豆、辣椒絲裝飾即可。

=2~4 人份

大廚教你 偷呷步

◎ 靈芝菇可以用白腳筋（蒟蒻製）代替，如果用白腳筋一定要和素烏蔘一起悶，時間要久一點才會入味。

◎ 想讓甜豆的口感好一些，記得要撕去硬邊。

1

2

3

五更長旺

麻辣甘醇又開胃的佐飯美食

材料 脆腸8粒、豆腸1條、草菇4粒
碧玉筍1條、臭豆腐 ½ 塊
智慧糕（香Q糕、素米血）
4小塊、靈芝菇1小片
烏蔘3小塊、番茄3小塊
黑木耳75g、酸菜75g
薑末少許、九層塔少許

調味 辣椒醬1大匙、香菇精1小匙
胡椒粉少許、香油少許

 ＝**2**人份

作法

1 黑木耳切小塊，酸菜也切小片〔圖1〕；豆腸用油鍋約140℃下去炸到金黃色〔圖2〕，取出切段備用。碧玉筍、靈芝菇切成條狀，臭豆腐切小塊炸到金黃色〔圖3〕備用。

2 炒鍋放1小匙的油，放入薑末爆香，再放1大匙的辣椒醬炒到香味出來，再放1大匙半的高湯，放入所有的材料，再下香菇精及胡椒粉，滾後芶芡淋香油〔圖4〕，裝入盤中，最後再放九層塔即完成。

大廚教你偷呷步

◎辣椒醬可以依個人的喜好或增或減，記得要先炒過辣椒醬才會香，芶芡的時候不要打太濃。

◎加臭豆腐是為了讓五更長旺更具風味，若不喜歡可以不用加。

1　　2　　3　　4

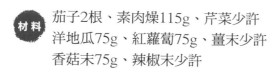

餘香醬茄子

護心保健家常菜，連不喜歡吃茄子的人都愛

材料 茄子2根、素肉燥115g、芹菜少許
洋地瓜75g、紅蘿蔔75g、薑末少許
香菇末75g、辣椒末少許

調味 胡椒粉少許、香油少許、白醋少許
辣椒醬1中匙、香菇精1小匙

作法

1 先將茄子對半切，然後中間劃刀切段〔圖1〕，洋地瓜、紅蘿蔔、芹菜都切末備用〔圖2〕。

2 備一鍋熱油，油溫約140℃，下茄子炸約3分鐘，茄子軟後撈起備用〔圖3〕。

3 準備熱鍋放1小匙油，先將薑末爆香，再放辣椒醬炒香後，放1大匙的高湯，再放素肉燥、香菇精及胡椒粉、香菇丁、紅蘿蔔丁、涼薯丁稍滾。

4 放入茄子滾後芶芡〔圖4〕，最後再淋上香油、白醋沿鍋邊倒一點後盛盤，再用芹菜和辣椒末裝飾即完成。

= 2～4 人份

大廚教你偷呷步

◎ 茄子中間劃刀可以減少油炸的時間，而且吃起來比較柔軟。炸茄子的時候油溫不能太熱，太熱可能會焦掉。茄子炸好準備撈起前記得轉大火逼油，才不會太過油膩。

◎ 無鹽香菇精適合用在清淡的料理或者高湯；有鹽的香菇精則適合炒菜。

◎ 白醋可以增加香味，還有去腥的效果。

1   2

3

4

銀芽三絲

材料 青椒110g、馬鈴薯½顆
豆芽150g、豆乾4片
紅椒1條、薑末少許

調味 香菇精1小匙、香油少許
胡椒粉少許、醬油1小匙

作法

1 將豆乾切絲〔圖1〕，
馬鈴薯切絲稍微用水洗
去澱粉質〔圖2〕，青椒、紅
椒切細絲均備用。

2 準備熱鍋放少許的油，先爆香薑末，再入豆乾絲及馬鈴薯絲炒均
勻，接著下豆芽、青椒絲及紅椒絲拌炒均勻〔圖3〕。

3 放入所有的調味料及1中匙的高湯快速拌炒後，淋上少許芡水苟薄
芡，最後淋上香油即完成。

= 2~4 人份

大廚教你偷呷步

◎如果喜歡吃辣，可以隨個人的口味放一點辣椒。

1

2

3

回鍋素月

香辣可口、瞬間就會被秒殺的家庭川味菜

材料
高麗菜225g、杏鮑菇2條
豆乾3片、青椒片少許
紅辣椒1條、乾辣椒3片
薑末少許

調味
豆瓣醬1中匙、辣椒醬
1小匙、醬油1小匙
糖1小匙、胡椒粉少許
老抽1小匙、香油少許

＝2~4 人份

作法

1 高麗菜切片洗淨備用，豆乾、紅辣椒、杏鮑菇〔圖1〕切片。

2 準備1鍋熱油約140℃，先將杏鮑菇炸到金黃色撈起，再炸豆乾撈起備用〔圖2〕。

3 鍋裡放少許的油，先將薑末及乾辣椒和紅辣椒片一起爆香後，放入豆瓣醬及辣椒醬爆香後〔圖3〕，接著下高麗菜、青椒及作法2一起拌炒，再放入所有的調味料及1中匙的高湯，最後芶點薄芡，再淋上少許香油即完成〔圖4〕。

大廚教你偷呷步

◎杏鮑菇可和豆乾一起炸，但是杏鮑菇要先放，等炸到微黃的時候，再下豆乾。

◎處理這道料理時，材料的形狀不用切得太規則。

1

2

3

4

Part **4**

飄香美食

一口接一口

當食材遇上好師傅，

一道道幸福滋味跳躍在舌尖，

讓你一張口就停不下來！

猴菇菜脯蛋竟然號稱沒加蛋、

刺匆銀柳的口感像炸花枝、

豆苗善糊的主角其實是柳松菇……

其中驚喜只有吃過的人才知道！

鐵板扭柳

香氣撲鼻、鐵板滋滋，色香味俱全的入味享受

材料
❶杏鮑菇2朵、碧玉筍150g
　生椰片5片、紅辣椒1條
❷卡士達粉適量、素高湯1大匙

調味
黑胡椒粒1大匙、番茄醬1大匙
素蠔油1小匙、老抽少許、素肉醬少許
胡椒粉少許

作法

1 杏鮑菇洗淨切條狀後均勻沾上卡士達粉〔圖1、2〕、碧玉筍洗淨斜切段約2公分長、生椰片切條、紅辣椒洗淨切細絲後泡水備用。

2 起一油鍋至140℃，下杏鮑菇後轉小火炸2~3分鐘，再用大火把表皮炸酥。

3 下碧玉筍，連同杏鮑菇快速撈起，置一旁稍微瀝乾〔圖3〕。

4 起火燒鐵板，同時起鍋下所有調味料、素高湯、炸好的杏鮑菇、碧玉筍快速拌炒，最後下生椰條〔圖4〕。

5 鐵板燒熱後（只要變熱就可以），抹上植物性奶油，將炒好的料放到鐵板上，最後放上紅辣椒絲作裝飾即可。

=2~4 人份

大廚教你偷呷步

◎碧玉筍是金針的嫩莖，這裡是拿來替代蔥的口感；生椰片是一種蒟蒻，可以在專門的材料店購買。

◎切好的杏鮑菇最好能先泡水瀝乾，這樣比較容易沾粉、較耐炸、炸起來也比較漂亮；另外，卡士達粉亦可用麵粉、地瓜粉代替。

◎放入生椰條是為了替代洋蔥，有吃洋蔥的朋友也可以用洋蔥絲。

◎辣椒切成絲後，泡水半個小時，就會捲起來，具有裝飾性效果。

◎調味料可以用黑胡椒醬、蘑菇醬代替。

1

2

3

4

豆苗善糊

=2~4 人份

材料
小豆苗（綠豆苗）150g、柳松菇1包
薑末少許

調味
醬油1小匙、素蠔油1小匙
胡椒粉少許、素肉醬少許
老抽少許、香油少許、糖1小匙

作法

1 小豆苗挑好洗淨，柳松菇去頭後用熱水燙過備用。

2 準備炒鍋入小豆苗拌炒，下香菇精炒好後盛盤〔圖1〕。

3 柳松菇過油撈起瀝乾〔圖2〕。

4 倒出鍋中的油只留一點點，下薑末爆香，再下柳松菇、所有調味料、1大匙高湯快速拌炒，勾芡淋上香油後〔圖3〕，倒在大豆苗上，如果要更好看，最後可以擺一點辣椒末做裝飾。

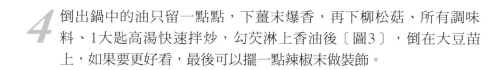

大廚教你偷呷步

◎ 大豆苗一定要用大火快炒，才會顏色漂亮，又清脆好吃。
◎ 柳松菇在勾芡時，可以稍微勾濃一點。

1　　　　　2　　　　　3

材料
1. 刺匆35g、生椰肉225g
2. 脆漿粉：低筋麵粉600g
   糯米粉110g、卡士達粉120g
   太白粉60g、泡打粉100g

調味 胡椒鹽、泰國吉辣醬

作法

1. 先將脆漿粉加水慢慢打，打到均勻後（不能太濃也不能太稀），再下少許沙拉油打均勻備用〔圖1〕，這樣會比較酥脆。

2. 刺匆切末〔圖2〕，生椰肉切條狀備用。

3. 將作法1倒入作法2拌勻，起油鍋至七分熱後轉小火，下拌好的生椰肉，一條一條下鍋慢慢炸，炸約2分鐘後再用大火炸至金黃色撈起〔圖3〕。

4. 炸好的刺匆銀柳灑少許胡椒鹽即可裝盤，準備一碟胡椒鹽和一碟吉辣醬，沾著吃即可。

 =2~4 人份

大廚教你偷呷步

◎刺匆銀柳就是苔條黃魚（苔條是一種水生藻類食物，在大陸江浙一帶的島嶼是主要產區，故又稱浙苔）的變化版，吃起來的口感像是炸花枝。

◎脆漿粉也可以買現成的，若有吃蛋也可以加入脆漿粉一起攪拌。

1

2

3

雪菜百頁

享受食物原味的熱門江浙家常菜

材料 竹筍1個（約75g）、毛豆少許
雪裡紅150g、泡發的百頁300g

調味 香菇精1小匙、胡椒粉少許
香油少許

作法

1 乾百頁600g切成約2公分正方塊。準備一鍋溫水約1500cc，下半塊鹼塊約75g（也可用35g鹼粉替代）攪散，再下切好的百頁泡約2小時或泡到白軟後〔圖1〕，需於水龍頭下沖洗。

2 雪裡紅切丁〔圖2〕，竹筍切絲（約75g），挑好的毛豆先剝皮，泡發的百頁取300g備用〔圖3〕。

3 炒鍋入1小匙油，下雪裡紅炒香，再下竹筍絲、毛豆、百頁、1大匙高湯和調味料〔圖4〕。

4 炒約1分鐘，收汁至剩少許湯後，勾薄芡淋少許香油即可。

=2~4 人份

大廚教你偷呷步

◎泡百頁時，中間需3~4次的攪拌均勻，再觀察其色，若有一點黃色，那就是還有一點硬，如果用手摸有一點軟，那就是泡的太軟，所以軟硬要適中，均要兼顧。

◎鹼塊用來幫助百頁泡軟，南北雜貨都可以買。

1

2

3

4

材料 絲瓜1條、薑少許、芹菜少許、辣椒絲少許
枸杞少許

調味 豆酥2大匙、辣椒醬1小匙、糖1小匙

作法

1 絲瓜削皮後切條狀〔圖1〕。

2 鍋中入適量油燒熱，下澎湖絲瓜
過油後撈起〔圖2〕。

3 在原來的鍋裡油倒至剩少許，加入3碗水加熱，再下過好油的絲瓜，
煮至八分熟後即可撈起。

4 另起一鍋，入1大匙高湯和1小匙香菇精後，下絲瓜稍拌一下，裝盤
備用。

5 另準備鍋子入1大匙油，入薑末和辣椒醬爆香，再下豆酥和糖用中火
慢慢炒〔圖3〕，炒到快要酥時立刻下碧玉筍花稍拌炒，最後再淋到
絲瓜上即可。

=2～4 人份

大廚教你偷呷步

◎絲瓜想要綠一點，可以用小刀刮皮，絲瓜中間如果比較軟嫩，可以切除保
留脆的口感。

◎絲瓜用過油的方式比較不會縮小，也比較完整漂亮。

◎豆酥本身是鹹的，所以一定要加糖，味道才會適中；炒豆酥的時
候，溫度要拿捏，太熱就會太焦，不夠熱就會太軟不夠酥。

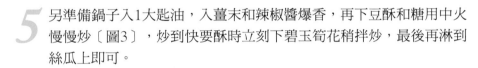

1

2

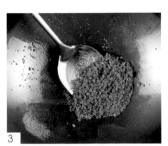

3

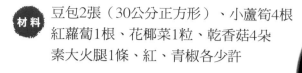

鼓汁腐吉捲

材料 豆包2張（30公分正方形）、小蘆筍4根
紅蘿蔔1根、花椰菜1粒、乾香菇4朵
素大火腿1條、紅、青椒各少許

調味 素蠔油1小匙、豆豉汁1小匙
香菇精1小匙、胡椒粉少許
老抽少許、香油少許、糖少許

作法

1 香菇泡發切絲；素火腿、蘿蔔
各切½公分寬的長條狀4條〔圖1〕；紅椒、青椒少許切末；花椰菜
燙熟備用。

2 豆包舖放桌上，依序放上適量小蘆筍、香菇絲、素火腿條、紅蘿蔔
條（擺放的寬度大約同腐皮〔圖2〕）後捲起，豆包邊邊用麵糊黏上
〔圖3、4〕；再反覆包1條。

3 包好的腐吉捲1捲切四等分，頭尾沾卡士達粉（或麵粉）後，用
130℃油炸約2分鐘後呈金黃即可取出〔圖5〕。

4 起鍋入少許油、香菇精、花椰菜稍拌一下，勾薄芡後盛盤，再排上
炸好的腐吉捲。

5 青、紅椒末、所有調味料和1大匙高湯入鍋稍煮，勾芡淋少許香油
後，再淋到腐吉捲上即可享用。

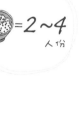

=2~4 人份

大廚教你偷呷步

◎ 豆包是煮豆漿時浮在表面的凝結層，可以在素料店購買。保存時記得
要用保鮮膜或塑膠紙將每一片豆包分開，放入冷凍，以免黏在一起。
可用腐衣代替，但是成品不太好炸。

◎ 麵糊是麵粉加水攪拌而成的天然黏著劑。

◎ 腐吉捲頭尾沾上卡士達粉，可以不讓裡面的料跑出來。卡士達粉
的顏色鮮豔，用來包裹炸物會帶明顯的黃橘色。

1　2　3　4　5

謝皇燴竹笙

材料

① 謝皇：油150g、薑末35g
素蝦仁末75g、大白菜頭末225g
紅蘿蔔末185g、南瓜末1小匙

② 中華豆腐1盒、芹菜35g
萵苣150g、謝皇150g
竹笙75g、薑絲少許

調味

① 香菇精1小匙、胡椒粉1小匙
鹽1小匙、糖1小匙

② 香菇精1小匙、胡椒粉少許、香油少許

作法

1 薑絲切末；鍋中入油爆香薑末，依序下素蝦仁末、大白菜頭末炒到出水，下調味料①和南瓜末拌炒，最後下紅蘿蔔末炒至熟軟即為謝皇。

2 中華豆腐切9塊，萵苣切絲〔圖1〕，竹笙泡好切斷〔圖2〕，芹菜切花備用。

3 備1鍋160℃的油，下中華豆腐炸至金黃後撈起〔圖3〕。

4 炸油倒至剩少許，依序下謝皇、竹笙、2大匙高湯（約200cc）、香菇精和胡椒粉煮滾，下太白粉勾芡，再淋少許香油〔圖4〕。

5 在盤子中央放上萵苣絲（呈半圓球狀），在萵苣絲周圍擺上炸好的豆腐，並於其上淋適量炒好的作法4，再擺上芹菜花即完成。

= 2~4 人份

大廚教你偷呷步

◎ 炒好的謝皇放冷後，可以放入冷凍保存1~2個月，需要用多少拿多少。

◎ 中華豆腐換板豆腐會比較好炸；油溫高一點也會比較容易炸成功。

1

2

3

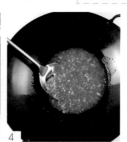
4

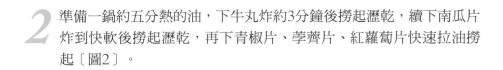

鼓汁南瓜煲

年節最佳創意料理，精緻好滋味

材料 南瓜1顆、青椒片3兩
牛丸4粒、草菇8粒、荸薺4粒
紅蘿蔔片2兩、九層塔少許
薑末少許

調味 香菇精1小匙、素蠔油1小匙
糖少許、鼓汁35g、香油少許
老抽少許、胡椒粉少許

做法

1 南瓜削皮去籽後切成厚片取300g〔圖1〕；草菇燙好沖冷水；荸薺切片備用。

2 準備一鍋約五分熱的油，下牛丸炸約3分鐘後撈起瀝乾，續下南瓜片炸到快軟後撈起瀝乾，再下青椒片、荸薺片、紅蘿蔔片快速拉油撈起〔圖2〕。

3 將鍋裡的油倒出只剩少許，下薑片爆香，再下所有調味料、作法2所有食材和1大匙高湯（約150cc），煮滾後勾芡淋少許香油〔圖3〕。

4 砂鍋燒熱，倒入炒好的作法3，再放上九層塔即完成；九層塔亦可用香菜代替。

= 2~4 人份

大廚教你偷呷步

◎ 牛丸吃起來有彈性、咬勁，可以在素料店買到。如果買不到，可以用素丸子替代。

◎ 牛丸和南瓜都要注意不要炸太老。

◎ 作法3完成時，要帶點湯汁，不要炒太乾。

1　　　　2　　　　3

豆酥鱈于排

材料
1. 豆包漿185g
   蔬菜漿110g
2. 鮑魚菇1片、芹菜末少許
   薑末少許、高麗菜絲
   九層塔、香菜各適量

調味
香椿醬少許、卡士達粉少許
無鹽香菇精少許、香油少許
豆酥150g、辣椒醬少許

作法

1 將材料❶以及香椿醬、卡士達粉、無鹽香菇精、香油全部都拌均勻備用。

2 把鮑魚菇頭切掉，在背面的部分沾麵糊〔圖1〕，把作法1舖上去，作成一個長圓形〔圖2〕，放入蒸籠蒸8到10分鐘〔圖3〕。

3 準備一個鐵板，鐵板燒熱後，放入一點香油，再下1~2片的九層塔及切細絲的高麗菜，將蒸好的鱈于切成10等份，放在鐵板上。

4 準備一炒鍋，放入1大匙油，加熱後放薑末及少許的辣椒醬，再放入1大匙的豆酥及1小匙的糖，加熱慢慢炒，炒到香酥後〔圖4〕，再倒在鱈于上，最後再灑上芹菜及香菜即完成。

=2人份

大廚教你偷呷步

◎ 香椿醬放冷藏只可以保存一星期，放冷凍則可以保存比較久。
◎ 卡士達粉可以增加潤滑度，也可以用太白粉來取代。
◎ 豆包漿、蔬菜漿都可以在素料店買到。

1

2

3

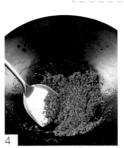
4

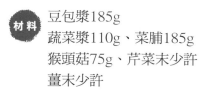

猴菇菜脯蛋

創意最高點、沒有蛋的蛋料理

材料
豆包漿185g
蔬菜漿110g、菜脯185g
猴頭菇75g、芹菜末少許
薑末少許

調味
香椿醬少許、香油少許
無鹽香菇精少許
卡士達粉少許

 =2~4 人份

作法

1 熱鍋放少許油把菜脯先炒香〔圖1〕，猴頭菇切成末，再把所有的材料及調味料全部拌勻。

2 準備一張蒸籠紙舖在蒸籠上，把作法1撲在蒸籠紙上，舖整成一個圓形〔圖2〕，蒸8分鐘，蒸好後取出備用〔圖3〕。

3 準備一炒鍋放入油，把蒸好的菜脯蛋下去煎，煎到兩面都金黃色即完成〔圖4〕。

大廚教你偷呷步

◎ 作法1拌勻的餡料可以留一點點，等到作法3煎的時候可以用來整型。
◎ 作法3煎之前可以沾一點麵糊，這樣顏色會更漂亮。
◎ 可以隨個人喜好，灑一點匈牙利紅椒粉或者巴西里（洋香菜）。

1

2

3

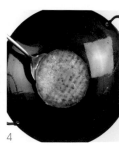
4

鮮蔬起司煲

材料

❶番茄½粒、西芹½條、鳳梨塊少許
彩椒少許、蘑菇225g、奶水少許
紅蘿蔔150g、蘋果½粒
馬鈴薯1粒、花椰菜½顆

❷白醬
A：麵粉400g、冷水1000cc
B：奶精500g、熱水500cc
C：白砂糖15g、起司粉45g
奶油30g、鹽25~30g

❸乳酪絲170g（平均分成2份）

作法

1 材料A拌勻過篩備用；材料B拌勻後以中火加熱到80℃，邊攪拌徐徐倒入材料A，再加入材料C，並不斷攪拌避免焦糊，拌至滾燙冒泡，即成白醬。

2 將馬鈴薯、蘋果、番茄、紅蘿蔔及蘑菇均切中塊〔圖1〕；西芹削皮去纖維後斜切段；彩椒、花椰菜切塊；馬鈴薯先炸到微呈金黃。

3 炒鍋入少許奶油，以中小火加入作法2的所有鮮蔬材料和鳳梨塊後，下少許黑胡椒粒和白胡椒粉稍拌炒，再入白醬及奶水（無糖鮮奶）稍微拌炒關火，加入乳酪絲85g拌勻〔圖2〕。

4 作法3盛入烤皿，表面鋪上85g乳酪絲後入烤箱〔圖3〕，以180℃烤至金黃色即可。上桌前，還可以灑上巴西里或匈牙利紅椒粉，看起來更有餐廳的水準。

=2~4 人份

大廚教你 偷呷步

◎ 材料B的奶精一定要用熱水才能夠化開。
◎ 作法3起司煲要入烤箱前，烤箱可以先預熱，這樣會加快烤熟的時間。
◎ 無糖鮮奶（奶水）可以用奶精代替。

1

2

3

胡麻豆腐

有料又精緻，當輕食、前菜都ok

材料
白果1粒、猴頭菇1粒
靈芝菇1粒、白羅蔔泥75g
海苔絲少許、紅椒丁少許

調味
味醂100g、麵粉200g
太白粉400g、胡麻醬1000g
水4000cc、鹽2小匙

 = 40粒

作法

1 將麵粉跟太白粉混合，再慢慢加入水混合均勻，然後加入味醂及鹽混拌均勻〔圖1〕。

2 緩慢加入芝麻糊到作法1的材料中，先用中火攪拌至黏稠狀後，轉小火一直不停攪拌，直到水分蒸發〔圖2、3〕、材料變的有彈性為止（約20~30分鐘），即成胡麻豆腐。

3 準備1個小碗，包保鮮膜，把做好的胡麻豆腐倒120g冷卻後，再把白果、猴頭菇及靈芝菇塞到胡麻豆腐中間〔圖4、5〕，把保鮮膜包成圓形，放入冰箱冷藏一晚定型〔圖6、7〕。

4 準備一鍋油把胡麻豆腐炸到金黃色〔圖8〕，準備一盤子，盤裡放昆布醬油，把炸好的胡麻豆腐放在盤裡，豆腐上放蘿蔔泥，最後放海苔絲、紅椒丁即完成。

大廚教你偷呷步

◎胡麻豆腐要涼拌的話適合用黑芝麻；要炸的話則適合用白芝麻。

1　2　3　4
5　6　7　8

材料
百頁110g、綠豆粉條110g
高麗菜¼顆、筍片110g
馬鈴薯½顆、番茄½顆
長豆2條、美白菇75g
香茅1支、南薑2片
九層塔少許、辣椒少許

調味
香菇精1中匙、糖1小匙
咖哩粉1中匙、素肉醬少許
鹽少許、胡椒粉1小匙、椰奶½罐

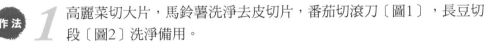

作法

1 高麗菜切大片，馬鈴薯洗淨去皮切片，番茄切滾刀〔圖1〕，長豆切段〔圖2〕洗淨備用。

2 準備熱鍋放少許的油，把薑末、辣椒爆香，把所有的材料下去炒香後，加3大匙的高湯（約600cc），再加入所有的調味料後，最後再放入椰奶即完成〔圖3〕。

3 裝入盤中最後再放入九層塔即完成。

= 2 人份

大廚教你偷呷步

◎如果喜歡吃辣，可依個人的喜好增減。
◎作法2在下所有調味料的時候，先試一下味道，等味道夠了再放咖哩。
◎長豆選擇顏色全綠的也可以。
◎香茅先用菜刀拍扁，味道才會明顯。

1   2   3

紅麴山藥雙蓮煲

養生與美味都滿分，口味特別值得一嘗

材料 山藥225g、白木耳75g
新鮮蓮子225g
蓮藕225g、草菇75g
美白菇35g、甜豆8片
西洋芹 ½ 條、薑片少許
紅蘿蔔少許

調味 紅麴醬115g、糖少許
香菇精1小匙、香油少許
胡椒粉少許、香菜少許

作法

1 將山藥切2~3公分的長條；蓮藕切片〔圖1〕，山藥、蓮藕、甜豆、西洋芹、紅蘿蔔都要稍微用水燙過；新鮮蓮子事先蒸熟或燙熟；乾白木耳泡發〔圖2〕均備用。

2 準備炒菜鍋放入油，油溫燒至約140℃，將山藥及蓮藕下去過油，撈起濾乾〔圖3〕。

3 下薑片及所有材料拌炒均勻，再加1大匙的高湯放入所有的調味料拌炒，滾後用太白粉芶茨淋香油完成〔圖4〕。

4 盛入盤中後再放入燙熟的甜豆做裝飾。

 = 2~4 人份

大廚教你偷呷步

◎ 山藥用白山藥或紫山藥都可以。山藥、蓮藕切好若沒有馬上使用，要先泡在水裡，以免氧化發黑；山藥、蓮藕先燙過可減少過油時間。

◎ 西洋芹稍微去皮去纖維，可先燙過再撕去纖維，會比較好撕。

◎ 蓮子如果是乾的，要事先泡水一個晚上。

1

2

3

4

Part 5

煲·湯

 點暖人心

一碗熱呼呼的湯，

暖飽你我的心，

煲湯當然也可以豐富變化、滋味萬千！

鮮美的天下第一湯**功德佛跳牆**、

祝福好兆頭的**發財豆腐羹**，

都是過年過節最佳搶手湯品，

一天好幾千盅絕對不是講假的。

上湯竹笙盅

材料
① 半天筍225g、小香菇6朵
　竹笙150g、巴西蘑菇3朵
　秀珍菇150g、紅蘿蔔少許
② 高湯600cc

調味 香菇精1中匙、胡椒粉少許

作法

1 半天筍切片〔圖1〕、小香菇泡好去頭〔圖2〕、竹笙泡好切段、秀珍菇切片稍微炸到金黃色備用〔圖3〕。

2 炒鍋入高湯後，下所有材料①煮滾〔圖4〕。

3 轉小火悶5分鐘，等到湯約剩400cc後，下調味料調味，就可以裝盤享用。

 =2~4 人份

大廚教你偷呷步

◎ 這道湯也可以用蒸的，蒸的較清、煮的較濃，大約蒸30分鐘即可。

◎ 半天筍就是檳榔心，在一般市場就可以買到。如果半天筍切好後沒有馬上煮，要泡水，才比較不會有澀味。

◎ 巴西蘑菇可以在南北雜貨購買，一般有乾、濕之分，買乾的比較香。

◎ 炸過的袖珍菇會比較香，擔心太油的話可以稍微炸一下就起鍋。

1

2

3

4

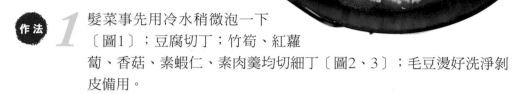

發財豆腐羹

幸運吉利的好兆頭，祝壽、過年最適合

材料 中華豆腐½盒、紅蘿蔔110g
竹筍110g、素蝦仁2粒
香菇1朵、素肉羹2粒
毛豆75g、高湯800cc
髮菜少許、薑末少許

調味 香菇精1中匙、胡椒粉少許
香油少許、黑醋1中匙

作法

1 髮菜事先用冷水稍微泡一下〔圖1〕；豆腐切丁；竹筍、紅蘿蔔、香菇、素蝦仁、素肉羹均切細丁〔圖2、3〕；毛豆燙好洗淨剝皮備用。

2 炒鍋入少許油，下薑末爆香後，再下高湯、所有作法1和調味料後煮滾〔圖4〕。

3 勾茨後淋少許香油即可裝入碗中，依個人喜好下些許黑醋即可細細品嚐。

=2~4 人份

大廚教你 偷呷步

◎髮菜先泡過，就可以最後才放；如果是乾的，就要下鍋一起煮。
◎想要偷懶的話，竹筍、紅蘿蔔、香菇、素蝦仁可以切片就好。
◎毛豆燙過以後比較好剝皮。

1

2

3

4

材料 柳松菇150g、甘蔗筍185g
乾金針花75g、酸菜75g
高湯800cc、薑絲少許

調味 香菇精1小匙、胡椒粉少許

作法

1 柳松菇燙過沖冷;甘蔗
筍切段;乾金針花泡水
洗淨〔圖1〕;酸菜切片泡
水洗淨備用〔圖2〕。

2 炒鍋入高湯、下所有作法1煮滾〔圖3〕。

3 轉中火煮至湯剩600cc後下所有調味料和薑絲,裝碗後即可享用。

柳菇金筍湯

濃郁筍香與甘鹹酸菜的完美結合

＝**2~4** 人份

大廚教你偷呷步

◎柳松菇買新鮮或罐裝的都可以;甘蔗筍也可買調味好的。

◎酸菜若很鹹就用水泡一段時間,就不會那麼鹹了。

1

2

3

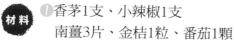

泰式東陽功

作法簡易、口味親切的泰式湯頭，讓人驚艷

材料
1. 香茅1支、小辣椒1支
   南薑3片、金桔1粒、番茄1顆
2. 素蝦仁4粒、靈芝菇1片
   金針菇150g、花椰菜6小株
   豆包1片、香菜少許、薑末少許
3. 高湯800cc

調味 番茄醬1中匙、椰奶½罐、鹽1小匙
香菇精1小匙、糖1小匙、辣油少許

作法

1 香茅切片、小辣椒切片、金桔切半擠汁〔圖1〕、番茄洗淨切8塊、金針菇洗淨要泡過。

2 素蝦仁1粒切對半、靈芝菇切對半；金針菇、花椰菜、香菜皆洗淨、豆包洗過切片〔圖2〕備用。

3 炒鍋入少許油，下薑末爆香後，下高湯煮滾；下所有材料❶後轉小火煮2分鐘，再下除了花椰菜的所有材料❷。

4 下所有調味料，最後再下花椰菜〔圖3〕，即可裝盤，再放上香菜做點綴即可。

=2～4 人份

大廚教你偷呷步

◎ 不吃辣的人可不放辣椒和辣油。
◎ 可隨個人喜好加入一些雲吞或餛飩，亦可加自己喜歡的火鍋材料。
◎ 一般泰國菜：北部會加椰奶；南部則比較少用。印尼是都會用。
◎ 金桔汁也可以用檸檬汁替代。
◎ 也可以再加片檸檬葉增加香味，又可以作裝飾用。

1

2

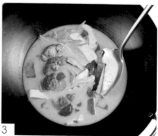
3

功德佛跳牆

材料　栗子2顆、香菇1朵、竹笙2個
娃娃菜1顆、巴西蘑菇1朵
炸芋頭1塊、素肉羹1塊
黃金蛋（素魚丸）1顆
猴頭菇1顆、美白菇少許
素魚翅少許、薑末少許

調味　醬油1小匙、蠔油1小匙、糖1小匙
香菇精少許、黑醋1小匙、胡椒粉少許

作法

1 先將黃金蛋、芋頭、栗子炸過〔圖1〕，素魚翅、竹笙、巴西蘑菇用水泡過備用。

2 將所有的材料放入碗中一樣一樣排列整齊〔圖2〕，有小陶甕的話放甕裡更有fu喔！

3 準備一熱鍋放少許油，將薑末爆香，再放入所有的調味料，及1大碗的高湯，滾後倒入作法2。

4 將佛跳牆放入蒸籠蒸1小時後取出即大功告成〔圖3〕，此道菜很適合年菜圍爐使用哦！

 = **1**人份

大廚教你偷呷步

◎作法2中，可以把比較容易軟爛的食材先擺下面，這樣成品會比較好看。
◎也可以用煮的，大約需半小時；但蒸的湯頭顏色會比較清。
◎可以依個人喜好加入一些金針菇、紅棗增加色澤。
◎湯頭的味道要抓準，有些食材本身就有味道，所以湯頭不能太重。

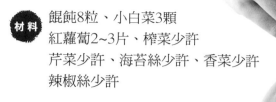

浦東響鈴湯

溫州大餛飩也要失色的清甜湯頭

材料 餛飩8粒、小白菜3顆
紅蘿蔔2~3片、榨菜少許
芹菜少許、海苔絲少許、香菜少許
辣椒絲少許

調味 香菇精1小匙、胡椒粉少許
香油少許

作法

1 榨菜切絲;小白菜洗淨切段〔圖1〕,芹菜洗淨切末備用;餛飩先用140℃油溫炸到金黃色撈起,放入碗中〔圖2〕。

2 準備一大碗高湯,放入香菇精、胡椒粉和紅蘿蔔,最後再放入小白菜,滾後放入作法1的餛飩。

3 將做法2盛入碗中,再擺上榨菜絲〔圖3〕及海苔絲,最後放入芹菜末、香菜,及少許的香油即完成。

=2~4 人份

大廚教你偷呷步

◎香菜不適合長時間烹,為了不讓香菜的葉子變黃、失去香味,適合完成料理後,最後再放。

◎菜葉比較容易熟,所以下小白菜時,可以先下莖部,再放葉子,熟度才會均勻一致。

1

2

3

Part **6**

小吃・點心

 絕對不要錯過

光是餵飽肚子還不夠？

那就一定要試試獨具特色的可口點心，

手要巧、心要細，

大廚還要教你偷呷步！

芝士煎鍋餅用港式春捲皮代替揉麵，

用最懶人的方法創造五星級美味；

椒鹽杏桃沒有杏桃，

而是用猴頭菇變出鹽酥雞般的好滋味！

京月醬燒餅

燒餅

〔材料〕

① 油皮：中筋麵粉80g、糖4g
　　葡萄籽油20g、水48g

② 油酥：低筋麵粉20g
　　葡萄籽油10g

③ 麵糊適量（黏著劑用）

= **6**個

〔作法〕

1 將中筋麵粉築成火山口狀的麵粉牆，中心留一小圓心，在圓心處加入其他材料①後用力搓揉均勻，靜置15分鐘，讓麵糰「出筋」後備用，即成油皮。

2 將材料②混合均勻，拌揉成深乳白色的油酥，靜置待用。

3 油皮擀成約0.3公分厚的扁平狀，均勻抹上一層油酥〔圖1、2〕，再將油皮捲起成圓條狀〔圖3〕，接著揪成一顆30g的小麵糰。

4 小麵團切口處朝南北向擺放，用麵棍上下擀平約20公分的長形麵皮〔圖4、5〕，接著上端¼的麵皮往中間½處對折，下方的¼麵皮也往中間對折，最後再對折成枕頭狀〔圖6、7〕。

5 折好的麵糰上方塗一層麵糊，平均抹上一層生白芝麻後稍壓一下〔圖8、9〕，再用麵棍朝四邊擀成約0.5公分厚的燒餅狀〔圖10〕。

6 錫箔紙塗上一層薄油，放上燒餅送烤箱，以180℃烤約10分鐘即完成，燒餅一定要現烤才好吃哦！

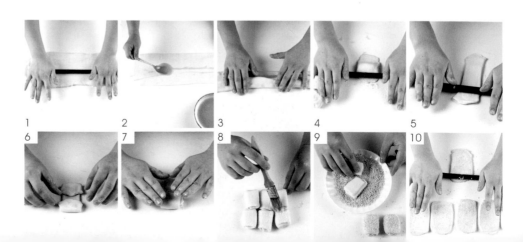

〔材料〕

杏鮑菇2條、燒餅6條
小黃瓜 ½ 條、碧玉筍3條
黑、白芝麻少許
卡士達粉少許

〔調味〕

甜麵醬1大匙、香油少許
糖1中匙

〔作法〕

1　烤燒餅的同時，可以邊準備餡料，小黃瓜及碧玉筍切絲備用〔圖1〕。杏鮑菇切絲加少許水，均勻沾上卡士達粉，入油鍋炸至金黃色後撈起瀝乾〔圖2〕。

2　炒鍋入1大匙甜麵醬、1中匙水以及1中匙糖後拌炒均勻，下炸好的杏鮑菇絲拌炒〔圖3〕，最後下少許的香油即可起鍋，並灑上黑、白芝麻。

3　在烤好的燒餅中，依人喜好的量夾入杏鮑菇絲、小黃瓜絲、碧玉筍絲即可享用〔圖4〕。

大廚教你偷呷步

◎ 做油酥時需用80~100℃的熱油，成品才會香；油酥做好後要放涼才能拿來做接下來的步驟。

◎ 滾麵棍時記得要用手掌心來滾才會順手，擀出來的麵皮也才會漂亮。

◎ 烤箱可以先預熱，這樣烤燒餅的時間會縮短。

◎ 杏鮑絲不能炸太乾，炸出來要條條分明，不要黏在一起。

芋頭西米露

材料
煮熟的地瓜圓60g
蒸熟的芋頭丁80g
蒸熟的綠豆仁200g
西谷米120g、奶水50cc
椰奶50cc、水500cc

調味 糖80g

作法

1 煮滾一鍋水，下西谷米煮到呈現透明狀後，撈起備用〔圖1〕。

2 起鍋入500cc的水煮滾，加入其他所有材料和調味料煮滾即可，熱飲或冰涼喝都很不錯。

= **4**人份

大廚教你偷吃步

◎ 煮地瓜圓時，Q軟略呈透明狀才算有熟〔圖2〕。

◎ 蒸綠豆仁時〔圖3〕，可先泡一夜的水瀝乾後再乾蒸（泡水再乾蒸會比較香），不泡水也可以，只是蒸煮時要記得加水，水量可參考煮飯時的水、米比例；綠豆仁若一次蒸大量，分袋冷凍起來可保存一個月。

◎ 芋頭丁用蒸的比較好，沒煮好容易糊爛〔圖4〕。

1   2   3   4

芝士煎鍋餅

材料

① 港式春捲皮2片
起司片1片
豆沙60g、芝麻適量

② 麵粉糊：麵粉適量
水適量混合拌勻成糊狀

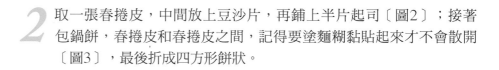

作法

1 保鮮膜攤平在桌面，鋪上豆沙後壓滾成薄片狀，再切成長方形薄〔圖1〕；起司片對半切備用。

2 取一張春捲皮，中間放上豆沙片，再鋪上半片起司〔圖2〕；接著包鍋餅，春捲皮和春捲皮之間，記得要塗麵糊黏貼起來才不會散開〔圖3〕，最後折成四方形餅狀。

3 包好的餅一面塗上一層薄薄的麵糊後，均勻地抹上生白芝麻。

4 平底鍋入油燒熱，中小火將煎鍋餅半煎炸至金黃色後即可起鍋。

 = 2塊

大廚教你偷呷步

◎ 這是懶人版的煎鍋餅，用春捲皮取代原來作餅皮的燙麵，不但方便、零失敗，還能輕鬆做出五星級的點心質感，而且就算稍微放涼口感還是很酥脆哦！

◎ 抹上白芝麻後，稍壓一下，煎炸時芝麻才不會散光光。

1

2

3

4

梅干荷葉夾

材料
① 中筋麵粉600g、泡打粉3g
乾酵母粉5g、冷水280cc
② 油少許、梅干扣月適量
（作法請參考p36）

調味 糖20g

作法

1 麵粉築成如火山口的麵粉牆，
中間留一小圓心。在圓心處加入其他
所有**材料①**，均勻搓揉成柔軟麵糰。

2 取一些麵粉灑在桌面，在桌上把麵糰搓成長條狀〔圖1〕。再將麵團
摘成一個個40g左右的圓球狀，將小麵糰壓拍成扁平狀，再擀成約½
公分厚的圓麵皮〔圖2、3、4〕。

3 麵皮上面⅓處塗上薄薄一層油後對折〔圖5、6〕，用麵刀在上方切
出直紋路但不切斷〔圖7〕，接著則以麵刀從麵皮外側（有開口的那
邊），從左、右⅓處向內擠壓，做出荷葉狀〔圖8〕。

4 將荷葉夾送蒸籠蒸10分鐘即可（用電鍋清蒸20~30分鐘），要吃時再
夾入梅干扣月即可。

🍚 = 10~14 片

大廚教你偷呷步

◎ **作法3**的塗油動作一定要做，這樣蒸好的荷葉夾才可以打得開。
◎ 用蒸籠蒸東西時，一定要等水滾了才能將食物放進去。

1

2

3

4

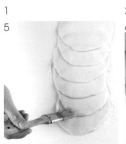
5

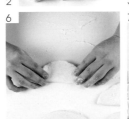
6

7

8

絲瓜湯包

爽脆口感與甘甜滋味，女性朋友的最愛

材料
1. 中筋麵粉300g、鹽1小匙
   冷水125cc、香油1大匙
2. 洋菜粉1小匙、香菇精1大匙
   高湯500cc
3. 竹笙100g、香菇3朵、馬蹄50g、絲瓜100g
   美白菇50g、秀針菇50g、柳松菇50g
   素海蔘50g

調味 香菇精1大匙、胡椒粉½小匙、砂糖1小匙
香油1大匙

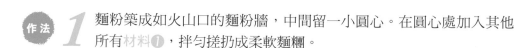

=40個

作法

1 麵粉築成如火山口的麵粉牆，中間留一小圓心。在圓心處加入其他所有材料①，拌勻搓扔成柔軟麵糰。

2 材料②混合煮滾，過濾於淺盤放涼後冷藏至凝固，取出切細丁。所有材料③切細丁（竹笙需事先浸泡過一晚並漂洗一上午再切），與洋菜凍、所有調味料拌勻做成內餡。

3 取一些麵粉灑在桌面，在桌上把作法1麵糰搓成長條狀，摘成40個小麵糰子（約8g），逐一擀成約0.1公分厚的圓形薄麵皮〔圖1、2〕。每個麵皮包入20g（約1中匙）的作法2內餡〔圖3〕，用拇指和食指提起麵皮邊緣，慢慢出摺子成小籠包狀後收口〔圖4、5〕。

4 包子收口朝上放入蒸籠，以大火蒸10分鐘（不可以用電鍋），搭配嫩薑絲及日式醬油即可享用。

大廚教你 偷呷步

◎麵皮想擀得圓，小麵糰切口處放上下再按壓成圓形狀，之後麵棍每擀一下，就稍微逆時針轉一下即可。

1　　　　2　　　　3　　　　4　　　　5

砂鍋臭豆腐

材料
臭豆腐3塊、香菇絲75g
筍絲75g、粉絲110g
素肉燥150g、百頁150g
毛豆35g、香菜少許
薑末少許

調味
辣椒醬1大匙、香菇精1中匙
胡椒粉少許、香油少許

作法

1　臭豆腐1塊切4小塊，香菇絲、筍絲、毛豆燙好，百頁、粉絲也泡好〔圖1〕，香菜洗淨切好備用。

2　熱油鍋140℃，下臭豆腐炸至金黃後撈起瀝乾〔圖2〕，鍋中的油倒出只留少許，下薑末爆香後再下辣椒醬繼續爆香。

3　下香菇絲、筍絲、毛豆、百頁、臭豆腐、素肉燥、3大匙的高湯（約300cc），及所有調味料，煮滾後勾芡淋少許香油〔圖3〕，最後擺上香菜即可。

4　將砂鍋燒熱，放入炒好的臭豆腐，裝到一半的時候，先放入粉絲，再下剩下的臭豆腐，最後放香菜即成「砂鍋臭豆腐」。

=2~4
人份

大廚教你偷呷步

◎ 若用砂鍋，記得粉絲勿放鍋底，會黏鍋。
◎ 辣椒醬一定要先炒香，味道才會出來，色澤也才會漂亮。

1

2

3

椒鹽杏桃

酥脆有咬勁，路邊小吃變身高級美味

=2~3 人份

材料 猴頭菇225g、九層塔35g
芹菜1條、薑末少許

調味 胡椒鹽1小匙、胡椒粉少許
卡士達粉1大匙
孜然粉1小匙

作法

1 先將猴頭菇切成1小塊，九層塔挑好洗淨，芹菜切末均備用〔圖1〕。

2 猴頭菇先沾卡士達粉備用，準備1油鍋約140℃下去炸，炸約1分鐘後撈起〔圖2〕，鍋裡只留少許油，下芹菜及薑末爆香，接著下炸好的猴頭菇，再放入所有的調味料拌勻後裝盤〔圖3〕。

3 最後把九層塔下去炸酥後撈起瀝乾〔圖4〕，放在盤底裝飾即可。

大廚教你偷呷步

◎九層塔香味濃烈，適合用於口味較重的料理。九層塔受熱後容易氧化變黑、風味變淡，所以要掌握在短時間內烹煮完成。

◎市售猴頭菇有新鮮和乾貨兩種，前者可直接入菜，後者要先泡水；若買調味好的，要注意本身有味道，不要加太多調味料。

1

2

3

4

美饌柿子❹

大江南北好呷菜
山珍野味之功德林人氣料理大公開

作　　者　樊定宣、厲長文
攝　　影　林許文二
美　　編　劉桂宜
責任編輯　高煜婷
主　　編　陳師蘭
總　編　輯　林許文二

出　　版　柿子文化事業有限公司
地　　址　11677台北市羅斯福路五段158號2樓
服務專線　（02）89314903
傳　　真　（02）29319207
郵撥帳號　19822651柿子文化事業有限公司
E-MAIL　service@persimmonbooks.com.tw

初版一刷　2010年2月
　　二刷　2010年2月
定　　價　新台幣320元
I S B N　978-986-85908-1-6

國家圖書館出版品預行編目資料

大江南北好呷菜：山珍野味之功德林
人氣料理大公開／樊定宣，厲長文作
－初版－臺北市：柿子文化，2010.02
　面；　　公分－（美饌柿子；4）
ISBN 978-986-85908-1-6（平裝）
1.素食食譜　2.中國
427.31　　　　　　　　　　98025234

大江南北好呷菜

山珍野味之功德林人氣料理大公開